런런 옥스퍼드 수학

1권

수와 그래프

KB130645

안녕!
나는 사이퍼야.

안녕!
내 이름은 모스.

차 례

4의 배수

 매번 4씩 더하면 돼.

1 빈칸에 4의 배수를 차례로 쓰세요.

기억하자!

4의 배수는 4씩 뛰어 세기 한 것과 같아요.

1 | 0 | 4 | | | | |

2 | 24 | 28 | | | | |

2 빈칸에 알맞은 스티커를 붙이세요.

1

2

3

체크! 체크!

4의 배수는 모두 짝수예요. 친구의 답도 모두 짝수인가요?

 2

8의 배수

1 빈 곳에 8의 배수를 차례로 쓰세요.

수직선을 이용해 0부터 8씩 뛰어 세어 봐.

기억하자!
뛰어 세기 한 것과 배수는 같아요.

1

0	8				

2

32	40				

2 거인이 자기 성으로 돌아갈 수 있도록
8의 배수를 차례로 따라가며 색칠하세요.
왼쪽이나 오른쪽,
위 또는 아래로 이동할
수 있지만 대각선으로
이동할 수는 없어요.

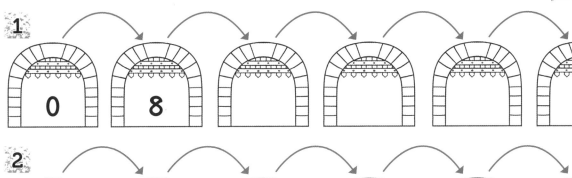

46	38	30	38		
54	34	24	16	8	34
62	36	28	22	16	26
70	54	46	32	24	32
78	86	62	40	44	42
72	64	56	48	56	62
80					

잘했어!

칭찬 스티커를 붙이세요.

체크! 체크!

8의 배수는 4의 배수의
두 배예요. 8, 16, 24…는
4, 8, 12…의 두 배지요.

문제를 다 푼 다음, 32쪽으로!

50의 배수

자, 속도를 높여. 50씩 뛰어 세자.

1 빈칸에 50의 배수 스티커를 차례로 붙이세요.

기억하자!
50을 더할 때마다 어떤 자리의 숫자가 바뀌고 어떤 자리의 숫자가 바뀌지 않는지 생각해 보세요.

2 속도가 가장 느린 것부터 빠른 것까지 순서대로 쓰세요.

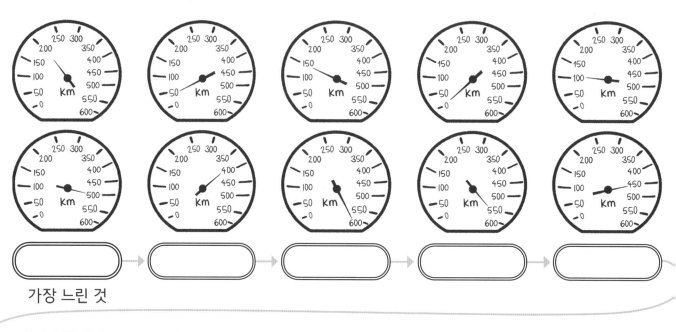

가장 느린 것

가장 빠른 것

체크! 체크!
답이 0 또는 00으로 끝나야 해요.

100의 배수

100씩 속도를 높여. 앞으로 달려 달려.

1 빈 곳에 100의 배수를 차례로 쓰세요.

기억하자!
100을 더할 때마다 어떤 자리의 숫자가 변하고 어떤 자리의 숫자가 변하지 않는지 생각해 보세요.

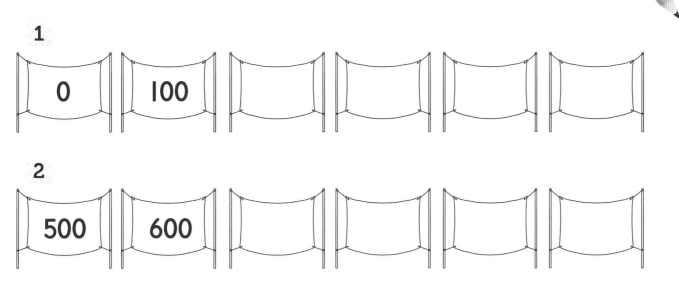

1

| 0 | 100 | | | | |

2

| 500 | 600 | | | | |

2 달리기 선수가 결승점에 도착할 수 있도록 100의 배수를 차례로 따라가며 색칠하세요. 왼쪽이나 오른쪽, 위 또는 아래로 이동할 수 있지만 대각선으로 이동할 수는 없어요.

522	422	322	222		
430	330	300	200	100	200
530	630	400	110	200	300
700	600	500	120	250	450
800	810	600	130	350	550
900	950	800	140	360	650
1000					

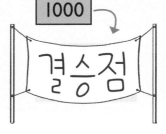

결승점

칭찬 스티커를 붙이세요.

체크! 체크!
모든 답이 00으로 끝나나요?

문제를 다 푼 다음, 32쪽으로!

10만큼, 100만큼 더 큰 수와 더 작은 수

1 표를 보고 빈칸에 알맞은 수를 쓰세요.

> 오른쪽 표를 보면 수의 규칙을 쉽게 알 수 있어.

기억하자!
표의 세로줄을 따라 아래로 내려갈수록 수가 10만큼 더 커지고 위로 올라갈수록 10만큼 더 작아져요.

0	1	2	3	4	5	6	7	8	9
10	11	12	13	14	15	16	17	18	19
20	21	22	23	24	25	26	27	28	29
30	31	32	33	34	35	36	37	38	39
40	41	42	43	44	45	46	47	48	49
50	51	52	53	54	55	56	57	58	59
60	61	62	63	64	65	66	67	68	69
70	71	72	73	74	75	76	77	78	79
80	81	82	83	84	85	86	87	88	89
90	91	92	93	94	95	96	97	98	99

1 54보다 10만큼 더 작은 수는 ☐

2 61보다 10만큼 더 큰 수는 ☐

3 79보다 10만큼 더 작은 수는 ☐

4 47보다 10만큼 더 큰 수는 ☐

5 32는 ☐ 보다 10만큼 더 작은수

6 86은 ☐ 보다 10만큼 더 큰 수

---

2 빈칸에 알맞은 수를 쓰세요.

700	701	702	703	704	705	706	707	708	709
710	711	712	713	714	715	716	717	718	719
720	721	722	723	724	725	726	727	728	729
730	731	732	733	734	735	736	737	738	739
740	741	742	743	744	745	746	747	748	749
750	751	752	753	754	755	756	757	758	759
760	761	762	763	764	765	766	767	768	769
770	771	772	773	774	775	776	777	778	779
780	781	782	783	784	785	786	787	788	789
790	791	792	793	794	795	796	797	798	799

1 732보다 10만큼 더 작은 수는 ☐

2 767보다 10만큼 더 큰 수는 ☐

3 784보다 10만큼 더 작은 수는 ☐

4 746보다 10만큼 더 큰 수는 ☐

5 705는 ☐ 보다 10만큼 더 작은수

6 728은 ☐ 보다 10만큼 더 큰 수

체크! 체크!
어떤 수에 10을 더하면 십의 자리 수가 1만큼 커지고 10을 빼면 십의 자리 수가 1만큼 작아져요. ☐

기억하자!
100만큼 더 큰 수를 찾으려면 세로줄을 따라 아래로 내려가세요. 100만큼 더 작은 수를 찾으려면 세로줄을 따라 위로 올라가세요.

표를 보면 수가 100만큼 더 커지거나 더 작아지는 것을 쉽게 알 수 있어.

3 다음 표를 보고 빈칸에 알맞은 수를 쓰세요.

401	411	421	431	441	451	461	471	481	491
501	511	521	531	541	551	561	571	581	591
601	611	621	631	641	651	661	671	681	691
701	711	721	731	741	751	761	771	781	791
801	811	821	831	841	851	861	871	881	891
901	911	921	931	941	951	961	971	981	991

1 611보다 100만큼 더 작은 수는 ☐

2 581은 ☐ 보다 100만큼 더 작은 수

3 761보다 100만큼 더 큰 수는 ☐

4 631은 ☐ 보다 100만큼 더 큰 수

4 빈칸에 알맞은 수를 쓰세요.

407	417		437		457	467			497
507		527		547		567		587	
607	617			647	657		677		697
		727	737		757	767		787	797
807	817		837	847			877	887	
	917	927			957	967			997

5 위 표를 보고 빈칸에 알맞은 수를 쓰세요.

1 727보다 100만큼 더 작은 수는 ☐

4 907은 ☐ 보다 100만큼 더 큰 수

2 537은 ☐ 보다 100만큼 더 작은 수

3 887보다 100만큼 더 큰 수는 ☐

칭찬 스티커를 붙이세요.

체크! 체크!
어떤 수에 100을 더하면 백의 자리 수가 1만큼 커지고 100을 빼면 백의 자리 수가 1만큼 작아져요. ☐

문제를 다 푼 다음, 32쪽으로!

자릿값

자릿값이 없으면 숫자를 어디에 놓을지 모를걸.

1 수 모형을 보고 빈칸에 알맞은 수를 쓰세요.

기억하자!

수는 자리에 따라 자릿값을 가져요. 숫자가 위치한 자리에 따라 그 숫자가 나타내는 수가 정해져요. 예) 492 = 400 + 90 + 2

1

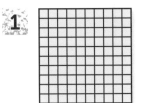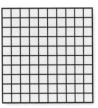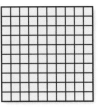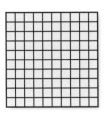

백	십	일
4	1	6

수 모형이 나타내는 수는 416

2

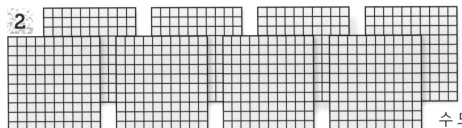

백	십	일

수 모형이 나타내는 수는

3

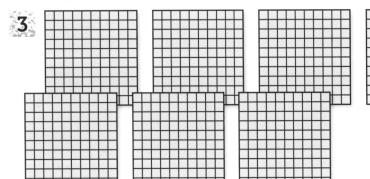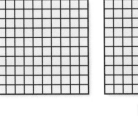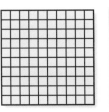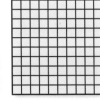

백	십	일

수 모형이 나타내는 수는

4

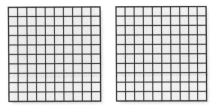

백	십	일

수 모형이 나타내는 수는

2 비밀의 수를 찾아보세요.

기억하자!

704의 0은 자리를 표시하기 위해 써요. 수의 크기를 바르게 나타내기 위해 꼭 필요하지요. 만약 0이 없다면 74라는 전혀 다른 수가 돼요.

내 수는 십이 4, 일이 7, 백이 3인 수야.

1 비밀의 수는

내 수는 일이 8, 백이 6, 십이 5인 수야.

2 비밀의 수는

내 수는 일이 5, 십이 0, 백이 2인 수야.

3 비밀의 수는

내 수는 백이 7, 일이 0, 십이 3인 수야.

4 비밀의 수는

3 수를 다음과 같이 나타냈어요. 빈칸에 알맞은 수를 쓰세요.

1 713 = $\boxed{7}$ 백 + $\boxed{1}$ 십 + $\boxed{3}$

2 869 = $\boxed{}$ 백 + $\boxed{}$ 십 + $\boxed{}$

3 538 = $\boxed{}$ 백 + $\boxed{}$ 십 + $\boxed{}$

4 404 = $\boxed{}$ 백 + $\boxed{}$ 십 + $\boxed{}$

5 926 = $\boxed{}$ 백 + $\boxed{}$ 십 + $\boxed{}$

칭찬 스티커를 붙이세요.

체크! 체크!

올바른 자리에 숫자를 썼는지 확인하세요. 세 자리 수에서 백의 자리는 왼쪽, 십의 자리는 가운데, 일의 자리는 오른쪽이에요.

문제를 다 푼 다음, 32쪽으로!

세 자리 수

수는 다양한 방법으로 표현할 수 있어.

1 아래 그림을 보고 연필이 모두 몇 자루인지 쓰세요.

기억하자!
어떤 수가 나타내는 값은 각 자릿값의 합과 같아요.
예) 연필이 100묶음 6개, 10묶음 4개, 낱개 3자루가
있다면 연필은 모두 600 + 40 + 3 = 643자루예요.

1

자루

2

자루

3

자루

4

자루

2 빈칸에 알맞은 수를 쓰세요.

기억하자!
수는 수직선을 이용해 나타낼 수도 있어요.
예) 356, 357, 358, 359 …

수직선에 순서대로 수를 써 봐.

1

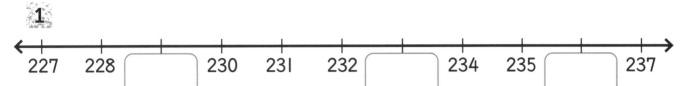

227 228 ☐ 230 231 232 ☐ 234 235 ☐ 237

2

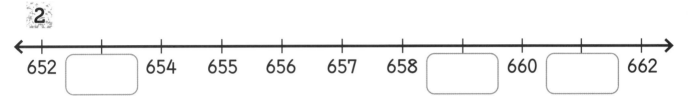

652 ☐ 654 655 656 657 658 ☐ 660 ☐ 662

3

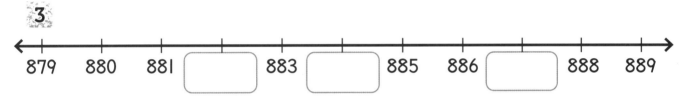

879 880 881 ☐ 883 ☐ 885 886 ☐ 888 889

4

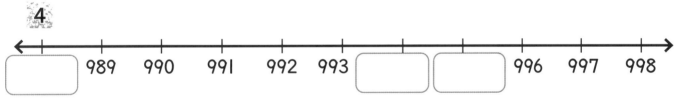

☐ 989 990 991 992 993 ☐ ☐ 996 997 998

3 알파벳이 가리키는 곳의 수를 쓰세요.

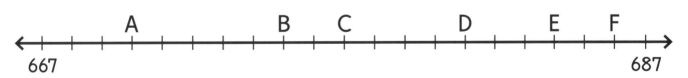

A   B   C   D   E   F

667   687

A = ☐   B = ☐   C = ☐

D = ☐   E = ☐   F = ☐

체크! 체크!
십의 자리나 일의 자리에 자릿값이 없을
때에도 0을 넣어 자리를 표시했나요? ☐

칭찬 스티커를
붙이세요.

문제를 다 푼 다음, 32쪽으로!

수의 순서(1)

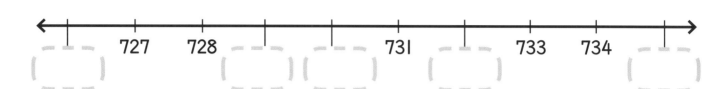

1 빈칸에 알맞은 스티커를 붙이세요.

← 727 728 __ __ 731 __ 733 734 →

2 다음 각 수는 몇백과 몇백 사이에 있는지 쓰세요. 두 수의 중간에 있는 수는 무엇인지도 쓰세요.

수	몇백(더 작은수)	중간 수	몇백(더 큰수)
643	600	650	700
362			
518			
879			
937			

3 수직선에 각 수의 위치를 선으로 표시해 보세요.

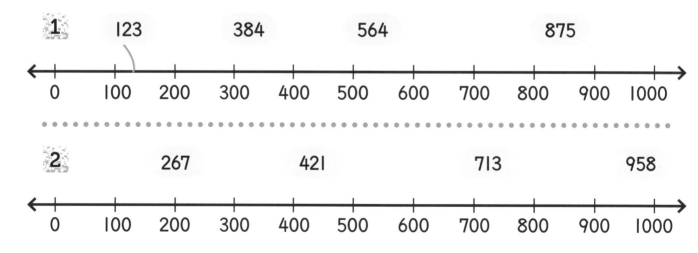

1 123 384 564 875

← 0 100 200 300 400 500 600 700 800 900 1000 →

2 267 421 713 958

← 0 100 200 300 400 500 600 700 800 900 1000 →

체크! 체크!

중간 수를 사용하여 위치를 확인해요. 예를 들어 267은 200과 300 사이에 있고 200과 300 중간에 있는 수는 250이에요. 267은 250의 오른쪽에 있어요. 그다음 267이 300에 더 가까운지 250에 더 가까운지 확인하세요.

어림하기

1 빨래집게의 수를 어림해 보세요.

기억하자!
빨래집게 10개가 얼마만큼인지 알아보고 10개씩 몇 묶음이 있는지 어림해 보세요.

어림은 정확히 계산하지 않고 합리적으로 추측하는 것을 말해.

1

빨래집게가 10개씩 [   ] 묶음 있는 것 같아. 그래서 빨래집게는 모두 [   ] 개일 거야.

2

빨래집게가 10개씩 [   ] 묶음 있는 것 같아. 그래서 빨래집게는 모두 [   ] 개일 거야.

3

빨래집게가 10개씩 [   ] 묶음 있는 것 같아.

그래서 빨래집게는 모두 [   ] 개일 거야.

칭찬 스티커를 붙이세요.

체크! 체크!

빨래집게를 정확히 세어 보세요. 어림한 값과 가까운가요? [ ]

문제를 다 푼 다음, 32쪽으로!

수의 비교

수직선을 이용해서 풀면 쉬워.

1 두 수를 비교하여 < 또는 > 스티커를 알맞게 붙이세요.

기억하자!
>는 '~보다 크다', <는 '~보다 작다'는 뜻이에요.
뾰족한 부분이 항상 작은 수를 가리켜요.

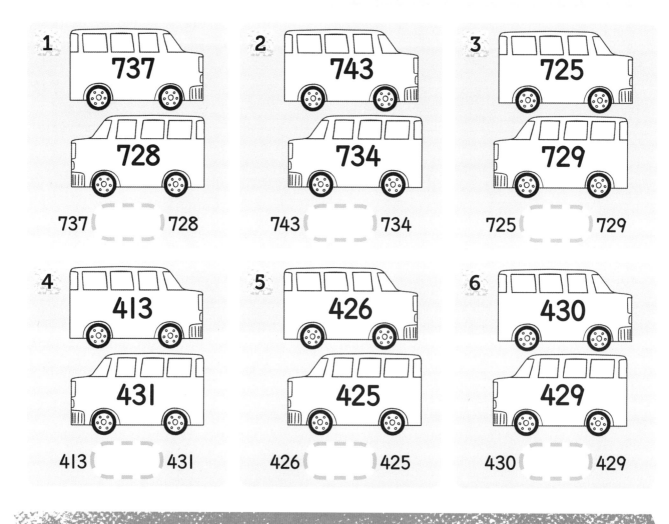

1. 737 [ ] 728
2. 743 [ ] 734
3. 725 [ ] 729
4. 413 [ ] 431
5. 426 [ ] 425
6. 430 [ ] 429

2 수직선을 이용하지 않고 두 수의 크기를 비교해 보세요.
빈칸에 < 또는 >를 알맞게 쓰세요.

1. 347 [ ] 374
2. 874 [ ] 869
3. 236 [ ] 238

4. 523 [ ] 532
5. 909 [ ] 905
6. 178 [ ] 187

7. 501 [ ] 499
8. 943 [ ] 942

칭찬 스티커를 붙이세요.

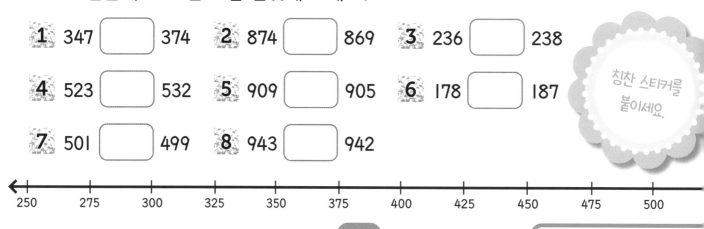

250   275   300   325   350   375   400   425   450   475   500

문제를 다 푼 다음, 32쪽으로!

수의 순서(2)

이 수들을 순서대로 놓을 차례!

기억하자!
오름차순은 작은 수에서 큰 수의 순서로, 내림차순은
큰 수에서 작은 수의 순서로 나열하는 거예요.

1 다음 수를 내림차순으로 나열해 보세요.
수직선을 이용하면 좋아요.

1 278, 291, 287, 276, 275

2 438, 483, 481, 447, 474

2 다음 수를 오름차순으로 나열해 보세요. 수직선을 이용하면 좋아요.

1 643, 629, 634, 640, 628

2 613, 604, 609, 598, 611

3 다음 수를 내림차순으로 나열해 보세요. 이번엔 수직선을 이용하지 않고
해 보세요.

867, 871, 876, 859, 869

4 다음 수를 오름차순으로 나열해 보세요. 이번에도 수직선을
이용하지 않고 해 보세요.

928, 882, 925, 922, 880

칭찬 스티커를
붙이세요.

575 600 625 650 675 700 725 750

문제를 다 푼 다음, 32쪽으로!

수 읽고 쓰기

1 수를 바르게 읽은 것을 찾아 선으로 이어 보세요.

기억하자!
수를 읽을 때는 각 자리의 숫자 이름에 자릿값을 붙여서 읽어요.

비행기 타고 하늘을 날아 볼까?

사백십칠 · · 470
· · 904
구백사십이 · · 942
· · 417
구백이십사 · · 471
· · 924

사백칠십일

사백칠십

구백사

2 다음 수를 읽어 보고 숫자로 나타내 보세요.

1 육백이십구 ☐

2 팔백오십일 ☐

3 육백구십이 ☐

4 팔백십오 ☐

3 다음 수를 읽어 보고 말로 써 보세요.

1 328 _____

2 382 _____

3 756 _____

4 765 _____

4 수를 읽고 숫자로 바르게 나타내어 다음 퍼즐을 풀어 보세요.

숫자 퍼즐에 도전!

세로 열쇠

1. 팔백구십
3. 사백십오
5. 삼백사십삼
6. 팔백구십구
7. 사백육십칠

8. 육백십삼
9. 삼백팔십육
10. 사백오십일
12. 칠백칠
17. 칠백오

가로 열쇠

2. 구백칠십사
4. 오백십삼
7. 사백칠십육
9. 삼백삼십사
11. 구백칠십칠

13. 삼백육십팔
14. 오백이십일
15. 육백삼십일
16. 칠백칠십
18. 칠백오십

체크! 체크!

퍼즐에 하나의 수를 채우면 그 수의 숫자가
다른 문제의 힌트가 돼요. ☐

칭찬 스티커를
붙이세요.

문제를 다 푼 다음, 32쪽으로!

문제 해결

실생활과 관련된 문제를 풀어 보자.

1 바나나를 4개, 8개, 50개씩 한 묶음으로 팔아요. 다음 표의 빈칸을 알맞게 채우세요.

바나나 묶음의 수	바나나의 수	바나나 묶음의 수	바나나의 수	바나나 묶음의 수	바나나의 수
1	4	1	8	1	50
2	8	2		2	
3		3	24	3	
4	16	4		4	
5		5		5	250

기억하자!

문장형 문제는 문제를 풀기 전에 중요한 조건을 나타내는 단어나 수에 밑줄을 그어 보면 좋아요.

2 다음 문제를 풀어 보세요.

1 조지가 4의 배수를 차례로 세었어요. 다음 수 중 조지가 센 수에 모두 ○표 하세요.

8　13　16　18　22　24　28　30　32　34　35　38

2 로지가 8의 배수를 차례로 세었어요. 다음 수 중 로지가 센 수에 모두 ○표 하세요.

12　16　20　23　28　36　40　50　62　64　72　78

3 다음 문제를 풀어 보세요.

1 리엄이 밀가루 286g에 10g을 더 넣었어요. 리엄이 가지고 있는 밀가루는 얼마인가요?

2 리엄은 **1** 번의 밀가루에서 100g을 요리하는 데 사용했어요. 리엄에게 남은 밀가루는 얼마인가요?

3 리엄이 도서관에 갔어요. 도서관에는 648권의 책이 있었는데 100권의 책이 새로 들어왔어요. 도서관의 책은 모두 몇 권인가요?

4 각 '비밀번호'가 될 수 있는 수를 3개씩 쓰세요.

내 '비밀번호'는 21보다 크고 35보다 작은 두 자리 짝수야. 그리고 4의 배수야.

내 '비밀번호'는 200보다 크고 600보다 작은 세 자리 홀수야. 그리고 십의 자리의 자릿값은 70이고, 일의 자리의 자릿값은 5야.

내 '비밀번호'는 740보다 크고 860보다 작은 세 자리 짝수야. 그리고 50의 배수야.

내 '비밀번호'는 639보다 크고 696보다 작은 세 자리 홀수야. 십의 자리 수는 일의 자리 수에 4를 더한 것과 같아.

5 주어진 숫자로 만들 수 있는 세 자리 수를 모두 쓰세요.

1 5, 4, 9

2 6, 2, 8

칭찬 스티커를 붙이세요.

체크! 체크!
'비밀번호'에 대한 단서를 다시 읽어 보고 빠뜨린 조건이 없는지 확인하세요. ☐

문제를 다 푼 다음, 32쪽으로!

자료의 정리(1)

기억하자!
어떤 자료를 표로 정리하면 여러 가지 사실을 알아내는 데 도움이 돼요.

1 교차로를 통과하는 탈것의 수를 나타낸 표예요. 빈칸에 알맞은 수를 쓰세요.

탈것	수
자전거	7
오토바이	
자동차	
트럭	

센 것은 /로 지우면 빠뜨리지 않고 셀 수 있어.

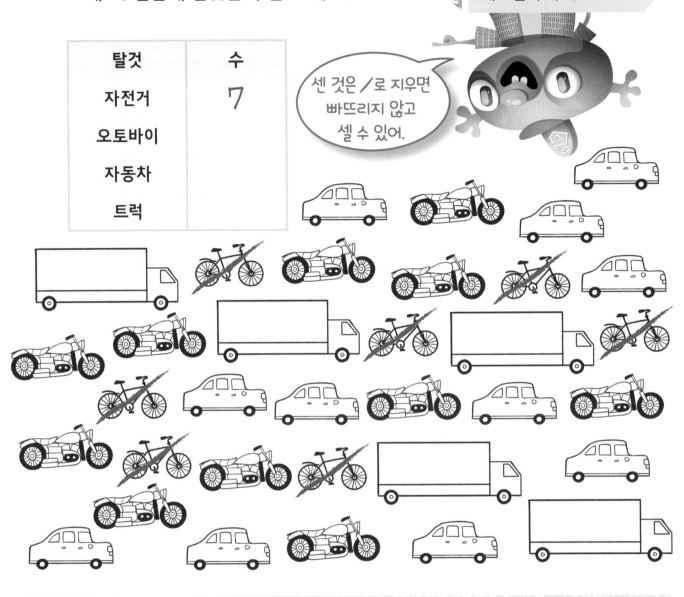

2 위 표를 보고 물음에 답하세요.

1 어떤 탈것이 가장 많이 교차로를 지나갔나요? _____

2 어떤 탈것이 가장 적게 교차로를 지나갔나요? _____

3 자동차는 트럭보다 얼마나 더 많이 교차로를 지나갔나요?

4 자전거는 오토바이보다 얼마나 더 적게 교차로를 지나갔나요?

5 교차로를 지나간 탈것은 모두 몇 대인가요?

3 버스 정류장 여섯 곳에서 하루에 세 번 어린이의 수를 조사했어요. 그런데 표의 일부가 비어 있네요. 표의 빈칸을 알맞게 채워 보세요.

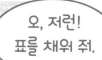

오, 저런! 표를 채워 줘.

버스 정류장	아침	이른 오후	늦은 오후	전체 어린이 수
A	21	23	4	48 (21+23+4)
B	19	22	6	
C	15	18		35
D	23		7	55
E		19	4	40
F	22	17	8	

4 위 표를 보고 다음 물음에 답하세요.

1 가장 적은 수의 어린이가 이용한 버스 정류장은 어디인가요?

2 가장 많은 수의 어린이가 이용한 버스 정류장은 어디인가요?

3 B 정류장은 C 정류장보다 얼마나 더 많은 어린이가 이용했나요?

4 F 정류장은 D 정류장보다 얼마나 더 적은 어린이가 이용했나요?

5 A, B, C 버스 정류장을 이용한 어린이는 모두 몇 명인가요?

6 D, E, F 버스 정류장을 이용한 어린이는 모두 몇 명인가요?

칭찬 스티커를 붙이세요.

체크! 체크!
세로로 줄마다 합을 구해 보세요. 그 합이 전체 어린이의 합과 같은지 확인해 보세요.

문제를 다 푼 다음, 32쪽으로!

그림그래프(1)

1 그림그래프를 보고 다음 물음에 답하세요.

도서관을 방문할 시간!

기억하자!

그림그래프는 그림이나 기호를 사용하여 조사한 자료를 보여 줘요. 책 그림 하나가 몇 권을 나타내는지 확인하세요.

<table>
<tr><td></td><td>= 책 10권</td></tr>
</table>

요일	빌린 책의 수
월요일	📕 📕 📕
화요일	📕 📕 📕 📕 📕
수요일	📕
목요일	📕 📕 📗
금요일	📕 📕

1 책 그림 하나는 책 몇 권을 나타내나요?

2 책 그림 반은 책 몇 권을 나타내나요?

3 월요일에는 몇 권의 책을 빌렸나요?

4 책을 가장 많이 빌린 날은 언제인가요? _____

5 책을 가장 적게 빌린 날은 언제인가요? _____

6 책 25권을 빌린 날은 언제인가요? _____

7 화요일에는 월요일보다 책을 몇 권 더 많이 빌렸나요?

8 수요일에는 목요일보다 책을 몇 권 더 적게 빌렸나요?

9 월요일부터 금요일까지 빌린 책은 모두 몇 권인가요?

2 하루에 각 역을 지나간 기차의 수를 표로 나타냈어요. 이 표를 스티커를 이용해 그림그래프로 나타내세요.

역	기차 수(대)
루섬	40
그린필즈	60
론사이드	55
힐미드	20
워시턴	45

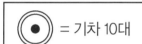 = 기차 10대

각 역을 지나간 기차의 수

루섬	
그린필즈	
론사이드	
힐미드	◉ ◉
워시턴	

기차 타고 여행 가자!

3 완성된 그림그래프를 보고 다음 물음에 답하세요.

1 그린필즈를 지나간 기차는 힐미드를 지나간 기차보다 몇 대 더 많나요? ☐

2 루섬을 지나간 기차는 론사이드를 지나간 기차보다 몇 대 더 적나요? ☐

3 각 역을 지나간 기차는 모두 몇 대인가요? ☐

칭찬 스티커를 붙이세요.

체크! 체크!
각 그림 기호가 기차의 수를 잘 나타내는지 확인하세요. ☐

문제를 다 푼 다음, 32쪽으로!

그림그래프(2)

1 각 역을 지나간 기차의 수를 한 주 뒤에 다시 조사했어요. 표를 보고 그림 기호를 그려 그림그래프를 완성하세요.

역	기차 수(대)
루섐	12
그린필즈	20
론사이드	10
힐미드	16
워시턴	18

각 역을 지나간 기차의 수

역	
루섐	
그린필즈	
론사이드	
힐미드	⊙ ⊙ ⊙ ⊙
워시턴	

⊙ = 기차 4대

그림 기호 하나가 얼마를 나타낼까?

2 완성된 그림그래프를 보고 다음 물음에 답하세요.

1 론사이드를 지나간 기차는 힐미드를 지나간 기차보다 몇 대 더 적나요?

2 그린필즈를 지나간 기차는 워시턴을 지나간 기차보다 몇 대 더 많나요?

3 루섐과 론사이드를 지나간 기차는 모두 몇 대인가요?

4 각 역을 지나간 기차는 모두 몇 대인가요?

자료 수집

1 이제 여러분이 직접 조사해서 그림그래프를 그려 볼 차례예요. 집의 각 방에 전자 제품이 얼마나 있는지, 또는 집 앞을 지나가는 사람들이 입은 옷 색깔은 무엇인지 등 자유롭게 조사한 내용으로 그림그래프를 그려 보세요.

기억하자!
조사한 내용에 어울리는 그림 기호를 사용해요.

2 위 그림그래프를 이용하여 문제를 만들어 보세요. 그리고 친구에게 그림그래프를 이용해 문제를 풀어 보게 하세요.

칭찬 스티커를 붙이세요.

체크! 체크!
그림그래프로 나타낸 그림 기호가 실제 조사한 수와 같은지 확인해 보세요.

문제를 다 푼 다음, 32쪽으로!

막대그래프

1 다음 막대그래프를 보고 물음에 답하세요.

기억하자!
막대그래프는 막대의 길이로 조사한 값을 나타내요.

막대그래프는 조사한 값을 서로 비교할 때 매우 좋아.

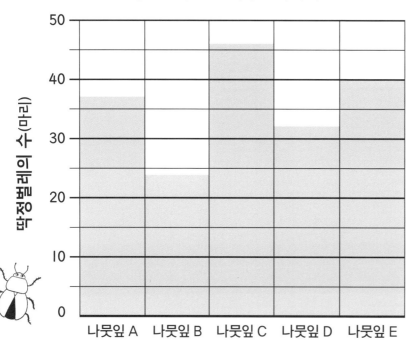

나뭇잎에 있는 딱정벌레의 수

1 나뭇잎 D에는 딱정벌레가 몇 마리 있나요?

2 나뭇잎 E에는 딱정벌레가 몇 마리 있나요?

3 딱정벌레가 가장 많은 나뭇잎은 무엇인가요?

4 딱정벌레가 가장 적은 나뭇잎은 무엇인가요?

5 딱정벌레가 37마리 있는 나뭇잎은 무엇인가요?

6 나뭇잎 C에는 나뭇잎 B보다 딱정벌레가 얼마나 더 많나요?

7 나뭇잎 D에는 나뭇잎 E보다 딱정벌레가 얼마나 더 적나요?

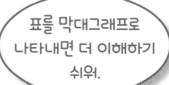

표를 막대그래프로 나타내면 더 이해하기 쉬워.

2 표를 보고 막대그래프로 나타내세요. 그래프의 제목도 써 보세요.

제목 _____

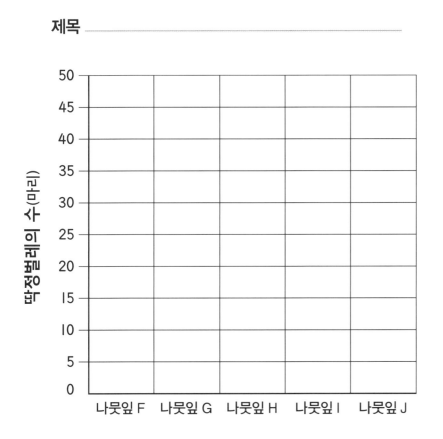

나뭇잎	딱정벌레 수(마리)
F	25
G	45
H	30
I	50
J	35

3 위 막대그래프를 보고 물음에 답하세요.

1 나뭇잎 I에는 나뭇잎 F보다 딱정벌레가 얼마나 더 많나요? ⬚

2 나뭇잎 J에는 나뭇잎 G보다 딱정벌레가 얼마나 더 적나요? ⬚

3 딱정벌레는 모두 몇 마리인가요? ⬚

체크! 체크!
각 막대의 높이가 딱정벌레의 수와 같은지 확인하세요. ⬚

칭찬 스티커를 붙이세요.

문제를 다 푼 다음, 32쪽으로!

자료의 정리(2)

1 다음 표와 그림그래프를 잘 살펴보세요.

> **기억하자!**
> 그림그래프에서 그림 기호의 수에 그림 기호가 나타내는 값을 곱하면 각 항목의 수를 알 수 있어요.

표의 빈칸에 알맞은 수를 쓰고 스티커를 이용해 그림그래프를 완성하세요.

이름	연필 수(자루)
카라	22
에산	
밀리	40
해리	
피비	28

연필의 수를 찾아라!

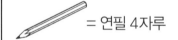

= 연필 4자루

2 위 표와 그림그래프를 보고 다음 물음에 답하세요.

1 밀리는 에산보다 연필을 몇 자루 더 많이 가지고 있나요?

2 피비는 해리보다 연필을 몇 자루 더 적게 가지고 있나요?

3 친구들이 가지고 있는 연필은 모두 몇 자루인가요?

3 다음은 어린이들이 좋아하는 책의 주제예요. 표와 막대그래프를 완성하세요.

책 주제	어린이 수(명)
유머	
공포	35
우주	
동물	25
생활	

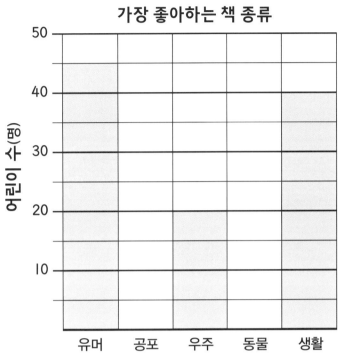

가장 좋아하는 책 종류

넌 어떤 책을
좋아해?

4 완성된 표와 막대그래프를 보고 다음 물음에 답하세요.

1 유머 주제를 좋아하는 어린이는 동물 주제를
좋아하는 어린이보다 몇 명 더 많나요?

2 우주 주제를 좋아하는 어린이는 공포 주제를
좋아하는 어린이보다 몇 명 더 적나요?

3 조사에 참여한 어린이는 모두 몇 명인가요?

칭찬 스티커를
붙이세요.

체크! 체크!
표의 수와 막대의 높이가 같은지 확인하세요.

문제를 다 푼 다음, 32쪽으로!

여러 가지 수 문제

기억하자!
문제를 풀 때는 다음 순서를 따라 해 봐.
문제 읽기, 중요한 낱말이나 수에 밑줄 긋기, 계산하기, 답 쓰기, 답 확인하기.

수에 관한 문제를 잘 해결하려면 연습을 꾸준히!

1 조가 다음과 같이 배수를 세어 적었어요. 잘못된 수를 찾아 ○표 하세요.

4의 배수: 0, 4, 8, 14, 16, 22, 24, 28, 32, 38, 40

8의 배수: 0, 8, 16, 24, 30, 40, 46, 54, 64, 70, 74

50의 배수: 0, 50, 100, 105, 150, 155, 200, 225, 250, 300

100의 배수: 0, 10, 100, 110, 200, 300, 400, 410, 500, 501

2 다음 문제를 풀어 보세요.

1 그레이스는 247개의 구슬을 가지고 있었는데 친구에게 10개를 주었어요. 그레이스에게 남은 구슬은 몇 개인가요?

2 조슈아는 캐릭터 카드를 383장 가지고 있었어요. 생일에 친구들이 100장을 선물로 줬어요. 조슈아가 가지고 있는 카드는 모두 몇 장인가요?

3 올리버는 길이 709cm인 끈에서 100cm를 잘라 냈어요. 끈의 길이는 얼마가 되었을까요?

3 빈칸에 알맞은 수를 쓰세요.

1 4____3 = _____ + 70 + _____

2 9____1 = _____ + 20 + _____

3 ____6____ = 800 + _____ + 5

4 다음 문제를 풀어 보세요.

이 페이지에서는 수를 비교하고 순서 짓는 활동을 해.

1 로건과 밀리가 볼링을 했어요. 밀리는 243점, 로건은 234점을 얻었어요. 누가 더 높은 점수를 얻었나요?

_____

2 박물관에 월요일에는 687명이 왔고 그다음 날에는 678명이 왔어요. 월요일과 화요일 중 언제 더 많은 사람들이 왔나요?

_____

3 빨간 기차에는 896명의 승객이 있어요. 반대쪽 선로의 노란 기차에는 893명의 승객이 있어요. > 또는 <를 사용하여 두 기차의 승객 수를 비교하세요.

노란 기차 [   ] 빨간 기차

빨간 기차 [   ] 노란 기차

5 다섯 명의 어린이들이 컴퓨터 게임을 해서 다음과 같이 점수를 얻었어요.

파이살	니나	조지	아미라	루이
437	443	473	434	447

어린이들의 점수가 오름차순으로 나열되도록 어린이들의 이름을 쓰세요.

오름차순: _____ , _____ , _____ ,

_____ , _____ .

칭찬 스티커를 붙이세요.

체크! 체크!

기호 >, <를 올바르게 사용했는지 확인하세요.
뾰족한 쪽이 항상 더 작은 수를 가리켜야 해요. [ ]

문제를 다 푼 다음, 32쪽으로!

나의 실력 점검표

얼굴에 색칠하세요.

쪽	나의 실력은?	스스로 점검해요!
2~3	0부터 4의 배수, 8의 배수를 차례로 셀 수 있어요.	😊 😐 🙁
4~5	0부터 50의 배수, 100의 배수를 차례로 셀 수 있어요.	😊 😐 🙁
6~7	어떤 수보다 10만큼, 100만큼 더 큰 수, 더 작은 수를 찾을 수 있어요.	😊 😐 🙁
8~9	세 자리 수의 자리와 자릿값을 알 수 있어요. (백의 자리, 십의 자리, 일의 자리)	😊 😐 🙁
10~11	수를 다양한 방법으로 나타내고 인식할 수 있어요.	😊 😐 🙁
12~13	수직선을 사용하여 수를 나타낼 수 있어요.	😊 😐 🙁
14	1000까지의 수를 비교할 수 있어요.	😊 😐 🙁
15	1000까지의 수를 순서 지을 수 있어요.	😊 😐 🙁
16~17	1000까지의 수를 읽고 숫자와 말로 나타낼 수 있어요.	😊 😐 🙁
18~19	자릿값과 수에 관한 사실을 이용하여 문제를 해결할 수 있어요.	😊 😐 🙁
20~21	표로 자료를 정리할 수 있고 표의 내용을 알 수 있어요.	😊 😐 🙁
22~23	그림그래프로 자료를 정리할 수 있고 그래프의 내용을 알 수 있어요.	😊 😐 🙁
24~25	그림그래프로 자료를 정리할 수 있고 그래프의 내용을 알 수 있으며 직접 자료를 조사하여 그림그래프로 나타낼 수 있어요.	😊 😐 🙁
26~27	막대그래프로 자료를 정리할 수 있고 그래프의 내용을 알 수 있어요.	😊 😐 🙁
28~29	막대그래프, 그림그래프, 표로 나타낸 자료를 보고 문제를 해결할 수 있어요.	😊 😐 🙁
30~31	쓰기, 순서, 비교와 관련된 수 문제를 해결할 수 있어요.	😊 😐 🙁

너는 어때?

정답

2쪽

1-1. 8, 12, 16, 20   **1-2.** 32, 36, 40, 44
2-1. 4, 12, 20   **2-2.** 20, 24, 36   **2-3.** 20, 32, 36

3쪽

1-1. 16, 24, 32, 40   **1-2.** 48, 56, 64, 72

2.

46	38	30	38		
54	34	24	16	8	34
62	36	28	22	16	26
70	54	46	32	24	32
78	86	62	40	44	42
72	64	56	48	56	62
80					

4쪽

1-1. 150, 200   **1-2.** 550, 600
2. 0→50→100→150→200→400→450→500→550→600

5쪽

1-1. 200, 300, 400, 500   **1-2.** 700, 800, 900, 1000

2.

522	422	322	222		
430	330	300	200	100	200
530	630	400	110	200	300
700	600	500	120	250	450
800	810	600	130	350	550
900	950	800	140	360	650
1000					

6~7쪽

1-1. 44   **1-2.** 71   **1-3.** 69   **1-4.** 57
1-5. 42   **1-6.** 76
2-1. 722   **2-2.** 777   **2-3.** 774   **2-4.** 756
2-5. 715   **2-6.** 718
3-1. 511   **3-2.** 681   **3-3.** 861   **3-4.** 531

4.

407	417	427	437	447	457	467	477	487	497
507	517	527	537	547	557	567	577	587	597
607	617	627	637	647	657	667	677	687	697
707	717	727	737	747	757	767	777	787	797
807	817	827	837	847	857	867	877	887	897
907	917	927	937	947	957	967	977	987	997

5-1. 627   **5-2.** 637   **5-3.** 987   **5-4.** 807

8~9쪽

1-2. 8, 8, 8, 888   **1-3.** 9, 4, 0, 940
1-4. 2, 0, 7, 207
2-1. 347   **2-2.** 658   **2-3.** 205   **2-4.** 730
3-2. 8, 6, 9   **3-3.** 5, 3, 8   **3-4.** 4, 0, 4   **3-5.** 9, 2, 6

10~11쪽

1-1. 325   **1-2.** 512   **1-3.** 154   **1-4.** 701
2-1. 229, 233, 236   **2-2.** 653, 659, 661

2-3. 882, 884, 887   **2-4.** 988, 994, 995
3. A = 670, B = 675, C = 677, D = 681, E = 684, F = 686

12쪽

1. 726, 729, 730, 732, 735

2.

수	몇백(더 작은수)	중간 수	몇백(더 큰수)
643	600	650	700
362	300	350	400
518	500	550	600
879	800	850	900
937	900	950	1000

3-1.
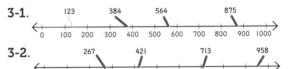

3-2.

13쪽

1-1. 예) 4, 40   **1-2.** 예) 5, 50   **1-3.** 예) 9, 90

14쪽

1-1. >   **1-2.** >   **1-3.** <   **1-4.** <
1-5. >   **1-6.** >
2-1. <   **2-2.** >   **2-3.** <   **2-4.** <
2-5. >   **2-6.** <   **2-7.** >   **2-8.** >

15쪽

1-1. 291, 287, 278, 276, 275
1-2. 483, 481, 474, 447, 438
2-1. 628, 629, 634, 640, 643
2-2. 598, 604, 609, 611, 613
3. 876, 871, 869, 867, 859
4. 880, 882, 922, 925, 928

16~17쪽

1. 구백사십이 – 942, 구백이십사 – 924,
사백칠십일 – 471, 사백칠십 – 470, 구백사 – 904
2-1. 629   **2-2.** 851   **2-3.** 692   **2-4.** 815
3-1. 삼백이십팔   **3-2.** 삼백팔십이
3-3. 칠백오십육   **3-4.** 칠백육십오
4.

1.

바나나 묶음의 수	바나나의 수	바나나 묶음의 수	바나나의 수	바나나 묶음의 수	바나나의 수
1	4	1	8	1	50
2	8	2	16	2	100
3	12	3	24	3	150
4	16	4	32	4	200
5	20	5	40	5	250

2-1. 8, 16, 24, 28, 32   **2-2.** 16, 40, 64, 72
3-1. 296g   **3-2.** 196g   **3-3.** 748권
4. 24, 28, 32
　　275, 375, 475 또는 575
　　750, 800, 850
　　651, 673, 695
5-1. 459, 495, 549, 594, 945, 954
5-2. 268, 286, 628, 682, 826, 862

1. 오토바이 – 11, 자동차 – 11, 트럭 – 5
2-1. 오토바이와 자동차   **2-2.** 트럭   **2-3.** 6대
2-4. 4대   **2-5.** 34대
3.

버스 정류장	아침	이른 오후	늦은 오후	전체 어린이 수
A	21	23	4	48 (21+23+4)
B	19	22	6	47
C	15	18	2	35
D	23	25	7	55
E	17	19	4	40
F	22	17	8	47

4-1. C   **4-2.** D   **4-3.** 12명   **4-4.** 8명
4-5. 130명   **4-6.** 142명

1-1. 10권   **1-2.** 5권   **1-3.** 30권   **1-4.** 화요일
1-5. 수요일   **1-6.** 목요일   **1-7.** 15권   **1-8.** 15권
1-9. 130권
2. 루섬 ◉◉◉◉   그린필즈 ◉◉◉◉◉◉
　　론사이드 ◉◉◉◉◉◖   워시턴 ◉◉◉◉◖
3-1. 40대   **3-2.** 15대   **3-3.** 220대

1. 루섬 ◉◉◖   그린필즈 ◉◉◉◉◉
　　론사이드 ◉◉◖   워시턴 ◉◉◉◉◖
2-1. 6대   **2-2.** 2대   **2-3.** 22대   **2-4.** 76대

1~2. 아이의 답을 확인해 주세요.

1-1. 32마리   **1-2.** 40마리   **1-3.** C   **1-4.** B
1-5. A   **1-6.** 22마리   **1-7.** 8마리

2.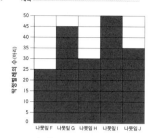
나뭇잎에 있는 딱정벌레의 수

3-1. 25마리   **3-2.** 10마리   **3-3.** 185마리

1. 에산 – 16, 해리 – 34
카라 ////////// 밀리 /////////////////
피비 //////////
2-1. 24자루   **2-2.** 6자루   **2-3.** 140자루
3. 유머 – 45, 우주 – 20, 생활 – 40

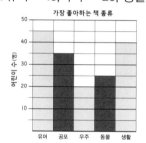
가장 좋아하는 책 종류

4-1. 20명   **4-2.** 15명   **4-3.** 165명

1. 4의 배수 – 14, 22, 38
　　8의 배수 – 30, 46, 54, 70, 74
　　50의 배수 – 105, 155, 225
　　100의 배수 – 10, 110, 410, 501
2-1. 237개   **2-2.** 483장   **2-3.** 609cm
3-1. 7, 400, 3   **3-2.** 2, 900, 1   **3-3.** 8, 5, 60
4-1. 밀리   **4-2.** 월요일   **4-3.** <, >
5. 아미라, 파이살, 니나, 루이, 조지

정리 노트

런런 옥스퍼드 수학

4-1 수와 그래프

초판 1쇄 발행 2022년 12월 6일
글·그림 옥스퍼드 대학교 출판부 **옮김** 상상오름
발행인 이재진 **편집장** 안경숙 **편집 관리** 윤정원 **편집 및 디자인** 상상오름
마케팅 정지운, 김미정, 신희용, 박현아, 박소현 **국제업무** 장민경, 오지나 **제작** 신홍섭
펴낸곳 (주)웅진씽크빅
주소 경기도 파주시 회동길 20 (우)10881
문의 031)956-7403(편집), 02)3670-1191, 031)956-7065, 7069(마케팅)
홈페이지 www.wjjunior.co.kr **블로그** wj_junior.blog.me **페이스북** facebook.com/wjbook
트위터 @wjbooks **인스타그램** @woongjin_junior
출판신고 1980년 3월 29일 제406-2007-00046호
원제 PROGRESS WITH OXFORD: MATH
한국어판 출판권 ©(주)웅진씽크빅, 2022 **제조국** 대한민국

『Numbers and Data Handling』 was originally published in English in 2018.
This translation is published by arrangement with Oxford University Press.
Woongjin Think Big Co., LTD is solely responsible for this translation from the original work and
Oxford University Press shall have no liability for any errors, omissions or inaccuracies or ambiguities
in such translation or for any losses caused by reliance thereon.

Korean translation copyright ©2022 by Woongjin Think Big Co., LTD
Korean translation rights arranged with Oxford University Press through EYA(Eric Yang Agency).

ISBN 978-89-01-26530-8
ISBN 978-89-01-26510-0 (세트)

잘못 만들어진 책은 바꾸어 드립니다.
주의 1. 책 모서리가 날카로워 다칠 수 있으니 사람을 향해 던지거나 떨어뜨리지 마십시오.
   2. 보관 시 직사광선이나 습기 찬 곳은 피해 주십시오.